||||||||| |||||| |||| ||||| |||||||||||||

U0181544

Red Lipstick

口红

潮流、历史与时尚偶像

UNREAD 〔美〕雷切尔·费尔德——著 山山——译 长江出版传媒 长江文艺出版社

致我亲爱的祖母

米莉·费尔德（Miller Felder）

她热衷于一切时髦，尤其是口红。

目　录

To Margaret
from Cecil.

绪　言

在女性青睐的化妆品中——漆黑的睫毛膏，点亮眼眸的眼线笔，用于修复、遮瑕和塑形的粉底、面霜和发胶——口红所拥有的强大魅力无可比拟。它鲜艳、迷人、夺目，蕴含着女性气质而不内敛本分。它性感、魅惑、深邃、勇敢无畏，传递着自信、力量和在一些语境下一言不发的挑衅。

对于一些女性来说，口红用于盛装出席的特殊场合，如节日聚会或重大日子。对于另一些人来说，口红是开会时用的终极撒手锏，这种大胆无畏的装饰抓人眼球、彰显权威、增强气场，反衬着他人的局促不安。为此，簇拥者接踵而来，对于她们而言，口红已成为自身的一部分，而非身外标签。

口红拥有诸多吸引人的特质，适用广泛是其中之一。金发、黑发、红发、灰发俱美；黝黑肤色、白皙肤色皆撩人。它使浅色和深色眼眸都熠熠发光，对 18 岁到 80 岁的女性都适用。"红色是唇膏的默认颜色，"幕后顶梁柱、化妆师迪克·佩吉（Dick Page）如是说，"它是中立的。"

对不同色号口红的钟情（绯红、樱桃红、酒红色等）并非新鲜事。尽管历史上口红的形态不同于当下流行的细管子弹头，但它受到女性青睐已达数世纪之久。在不同的历史阶段，它的成分或天然、或化学、或保湿、或含毒素；口红曾是被觊觎和禁止的。它的前世污秽、绵软、油腻和昂贵，但因其完美亮相的色彩，仍集结了众多粉丝。今天，随着化妆品配方和包装的不断改进，随时随地涂口红不再是一件难事。

然而，涂抹口红的欢愉不仅事关外表。对所有人而言，这都是一种感官享受，是众人热衷的仪式，是一种

承诺。口红要求人有敬畏之心，考虑到它给予我们的回报，这也相当合理。我们必须珍视口红的力量，花时间和耐心涂抹，时刻关注口红是否掉色。自爱的口红女孩不会卷入临时约会或陷入随意的关系中：她不愿意被轻薄地对待，也强烈反感口红只留下一圈红边。

正确涂抹口红需要用心，这份用心也是快乐的一部分：心爱小细管的熟悉重量、胖乎乎的口红笔或手边的小瓶唇彩；异常专注地将口红涂抹精细，用唇线笔勾勒嘴唇轮廓，也有人喜欢用唇线笔涂满嘴唇，然后再重新着色。漫漫长夜，擦拭、涂抹、调整轮廓，以半透明的散粉定妆，将这些动作叠加，成为一个赋予力量的仪式感，是端庄的粉色或柔和的米色无法驾驭的。

抹口红不允许糊弄，但付出是值得的，因为红色变

化万千，每涂抹一笔带来一份新的自信、性感、迷人、磁性、魅力和尊严。

我对口红抱有旷日持久的热情——一份真心的迷恋。这份迷恋源自我的青春期，大部分的时候用来表达叛逆，当时中性、低调的唇膏是风尚，但和我丰满、显眼的厚唇不太相衬。从某种意义上说，高调的、高饱和度的口红和黑色机车皮夹克、高耸的发型一样，成了我的标配。

口红让我觉得自己强大、热情，有红唇作为加持，我随时准备作为一个"不寻常分子"被看见。这么一想，这也是我如今抹上口红的感受。

这些年，口红已成为我的标记，它曾是制服、精神支柱、美貌利器、面具、时尚宣言、忠诚伴侣和可靠配饰。它是妆成的最后一笔，是我每日不可或缺之物。口红已成为我重要的一部分，也是我如何定义自己和向世界展示自我的方式之

一。它是需要每日上色的文身，尽管使用卸妆水和棉签便可擦去，却仍觉持久。

几十年来对口红的个人膜拜并不仅仅是我在闲暇时的小癖好：作为一名写"美"的记者，这是我多年来研究并与权威切磋的课题。从尘封已久的史实到妆容持久口红的制作方式，前方总有未知在等待。这份痴迷还包

括寻觅每一款新口红，查看新配方、新包装，或新色号，仅因其比我当时用的色号有些许偏蓝、偏黄或偏紫。

此书是我向口红的致敬。它将讲述口红的历史及当时的故事背景，热衷口红的伟大女性们的一些鲜为人知的故事，以及我学到的挑选最撩人心扉的口红色号的小窍门。本书也是一场视觉盛宴，收集了大量绘画、插图、照片及广告画，传递了口红从古至今持续的美和力量，我确信，这也会延续至未来。我对口红的热爱是永恒的，我的忠诚不可撼动。我希望这个小东西在你身上可以激发出同样的热情。

缪斯

你知道怎么吹口哨吧，
史蒂夫？只需要嘬拢嘴唇，
然后……吹气。

———

好莱坞魅力

鉴于口红的惊人魅力，它已经成为红地毯、颁奖典礼和盛装晚宴的化妆必备品。一抹红唇激发出好莱坞黄金时代女星们的明星魅力、优雅气质和独特风韵。黄金时代始于有声电影取代默片的 20 世纪 20 年代，终结于 20 世纪 50 年代晚期，当时制片厂制度开始没落，电视崛起并成为居家娱乐的一种方式。

其间的近 30 年时间里，好莱坞明星代表着一种理想的女性形象，尽管她们的外表经过片场化妆或其他手段发生了变化，呈现出了令人羡慕的特质，比方说更精致的下颌，更高的发际线。不管改变了什么，最终展现的是一种干净利落的美：富有光泽的秀发、精心修剪的眉毛、上妆精致色泽恰好的丰唇。这种妆容制造出了一种疏离的神秘感，使人星光四溢，这让全球女性更心驰神往。

这个时代最让人怀念的女星们，如海蒂·拉玛（Hedy Lamarr）、多罗西·拉莫（Dorothy Lamour）、珍·哈露（Jean Harlow）、丽塔·海华丝（Rita Hayworth）、玛琳·黛德丽（Marlene Dietrich）和琼·克劳馥（Joan Crawford）都有着极具标志性的红唇，美到极致。红唇是她们高大上人物形象的重要组成部分，这使得公众臣服于她们的美貌、成功和名声。

那些年，口红是时尚和美感的重要组成部分，为女

性的日常妆容增添了风韵，无论她们是全职家庭主妇还是日益壮大的劳动力之一。红唇女星们也刺激了口红的盛行，因为她们热衷于以红唇形象在银幕上亮相，即使参演的是古装电影，而红唇并不符合当时的实际情况。费雯·丽（Vivien Leigh）在《乱世佳人》中饰演斯佳丽·奥哈拉（Scarlett O'Hara）时，也上了精致的红唇妆，尽管故事发生在美国内战时期。"嘴唇红色与否取决于当时的时尚，"UCLA 戏剧电影及电视学院大卫·C. 科普利服装设计研究中心的创始人——德博拉·纳杜曼·兰蒂斯（Deborah Nadoolman Landis）说道，"无

论实际情况如何，当观众涂着红唇时，银幕上也会是红唇。"

很显然，这是一种共生关系：口红是当时的风尚，银幕角色的红唇让观众有认同感。好莱坞大美女们的银幕红唇推动了口红的流行，使女性趋之若鹜。当然，也有其他口红颜色的选择，但红色是迄今为止最受欢迎的。20世纪30年代末，如今已退市的品牌 Volupte 推出了两款新色号：其中红色的名为野丫头（Hussy），暗示着极具诱惑的吸引力，还有一款端庄的柔粉名为淑女（Lady）。野丫头的销量比淑女多了8成。20世纪40年代中期，蜜丝·佛陀（Max Factor）刊登了一则平面广告，以丽塔·海华丝（Rita Hayworth）为代言人推出了新的产品线，其中包含三个色号：净红、蓝红、玫红。

出于对自然妆的推崇，口红热在20世纪60年代和70年代消退了一些，但它在现代社会中始终传递着自信、优雅和美丽。因而对于很多女性来说，它始终在化妆品中占有一席之地：简单的一抹红唇是成熟老练的同义词。它的精致美丽使其成为红地毯的标配，它的簇拥者包括前卫潮人蕾哈娜（Rihanna）和 Lady Gaga，也包括偏爱经典妆扮的女星朱丽安·摩尔（Julianne Moore）和娜塔丽·波特曼（Natalie Portman）。闲暇时刻，对于周末穿牛仔裤的普通人而言，口红可以让最普通的装束看起来高级和精致，也能让素颜精神抖擞。

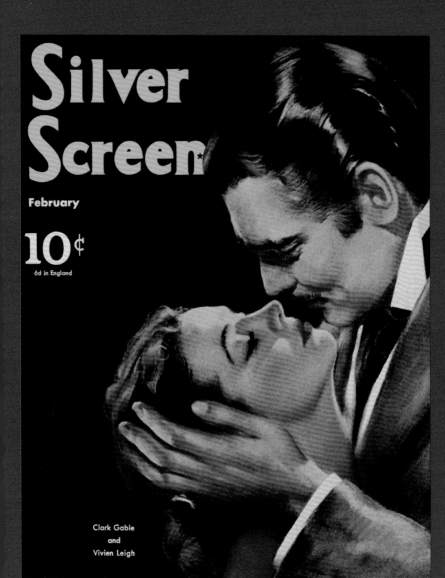

Silver Screen

February

10¢

6d in England

Clark Gable
and
Vivien Leigh

HOW TO BRING OUT THE CLARK GABLE IN ANY MAN!

他顽强地用嘴分开了她那发抖的双唇，使她浑身的神经猛烈地颤动。从她身上激发出一种她从未有过的感受。在她快要感到头昏眼花、天旋地转的时候，她意识到自己已在用热吻向他回报了。

———

——玛格丽特·米切尔（MARGARET MITCHELL）

《飘》（1936）

窈窕淑女

在不尽如人意的一天，
总有一支口红。

—— 奥黛丽·赫本

（AUDREY HEPBURN）

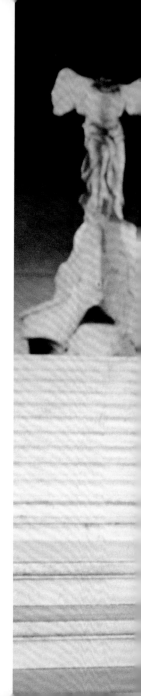

作为一名艳惊四座的美女，奥黛丽·赫本独特和俏皮的风格成为优雅的典范，她自然的气质、举止，不矫揉造作且无懈可击的时髦感深受赞誉。她骨架纤细，美貌绝伦——深棕色的头发和双眸、浓重的眉黛、天鹅颈、白皙的肤色——口红使得她的特质更为美丽。实际上，口红时常成为她在电影主要场景中亮相时的焦点，如《甜姐儿》（*Funny Face*）、《龙凤配》（*Sabrina*）和《战争与和平》（*War and Peace*）。有趣的是，在她最有名的电影《蒂凡尼的早餐》（*Breakfast at Tiffany's*）中，赫本涂了一种更安静的色号——露华浓（Revlon）的"甜粉午茶"（Pink in the Afternoon），现在仍有售——在那种情况下，和角色戴的超大黑色太阳镜、多股珍珠项链一起，大红色显得过犹不及了。很显然，赫本明白这一点。

法兰西之吻

美从你决定做自己开始。

——可可·香奈尔（COCO CHANEL）

　　加布里埃·可可·香奈儿成为自己同名品牌的大使，她时常穿着香奈儿标志性的女装，将一朵山茶花别在翻领上，背菱格 2.55 包。她日常涂抹哑光樱桃色的口红，配上黑发和雪肤，看起来异常迷人。

　　1924 年，在 5 号香水问世的几年后，香奈儿推出了一款拥有三个不同色号的口红。最早的系列中包括 Clair（浅）、Moyen（中）、Fonce（深）三色，这套精简的口红套装适用于不同肤色和场合。最初的产品线立即大获成功，后续逐渐加入了其他色号。1936 年，4 款新色加入：石榴石、红宝石、紫红和日出。在当时的美国百货商店里，每支售价 1.5 美元，相当于现在的 27 美元。现在香奈儿产品线囊括了更广泛的选择，包括加布里埃（Gabrielle）——一种深石榴红和可可（Coco）——香奈儿小姐最喜欢的东方乌木漆面家具的色调。

女人最美的化妆品是激情，

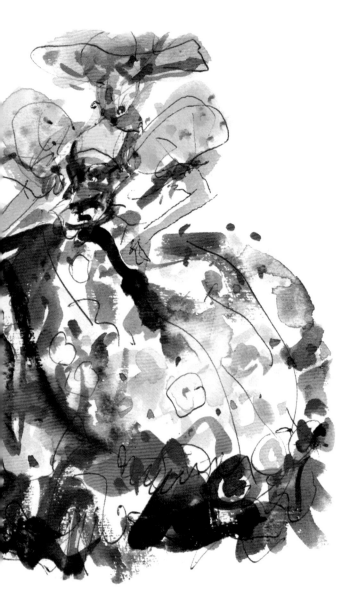

但化妆品更容易买到。　　　　　　　　——圣罗兰（YVES SAINT LAURENT）

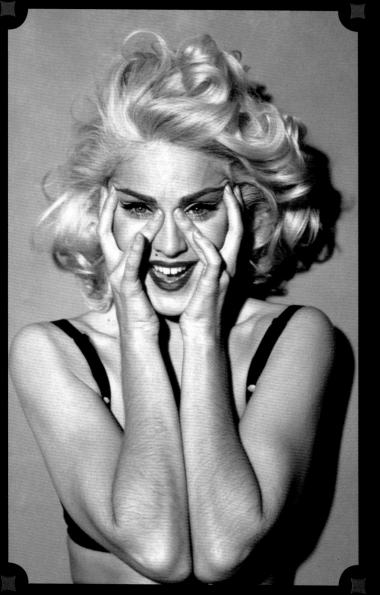

表达自我

自从 1983 年推出首张专辑后，麦当娜的音乐与她个人奇特、性感及不断变化的形象息息相关。在她的风格标签中——如《假日》音乐录影带中的黑橡胶手镯，《宛如处女》时的 Boy toy 带扣——哑光红色口红长期在列。麦当娜极力推崇性爱和艺术自由，口红自然成了她的化妆选择，因为它传递着性吸引力、魅力、果敢和自信的叛逆。

麦当娜最有影响力的口红时刻是在 1990 年 "金发雄心" 演唱会上，那也是她的人气巅峰。作为舞台妆——包括让-保罗·高缇耶（Jean Paul Gaultier）设计的尖锥形胸衣——的一部分，麦当娜涂抹着 MAC 共同创始人弗兰克·托斯坎（Frank Toskan）为她设计的蓝调口红。这款口红原名范若施卡（Veruschka），取名自德国模特范若施卡·冯·兰朵夫（Veruschka von Lehndorff），范若施卡因其 60 年代的作品而广为人知，包括在电影《放大》中出彩的小角色。范若施卡反对使用她的名字，因此当 MAC 把这款颜色加入产品线时，取名为俄罗斯红（Russian Red）。

当化妆品流行趋势不再热衷于俄罗斯红极致哑光的定妆效果时，MAC 将这款口红改名为 Ruby Woo；俄罗斯红成为一款稍深口红的名字，它更滋润一些，不那么干，也稍暗。两款颜色都是这个牌子的畅销款，MAC 也提供了诸多其他流行红供选择，包括橘色的危险女士（Lady Danger）和铁锈红的小辣椒（Chili）。

嘴唇上的一抹口红传递着勇气……红
色赋予颤动的嘴唇以坚定。在一个辛酸的
时刻，小小的口红有利剑的意义。

——《红色英雄勋章》
　　时尚芭莎，1937 年 11 月

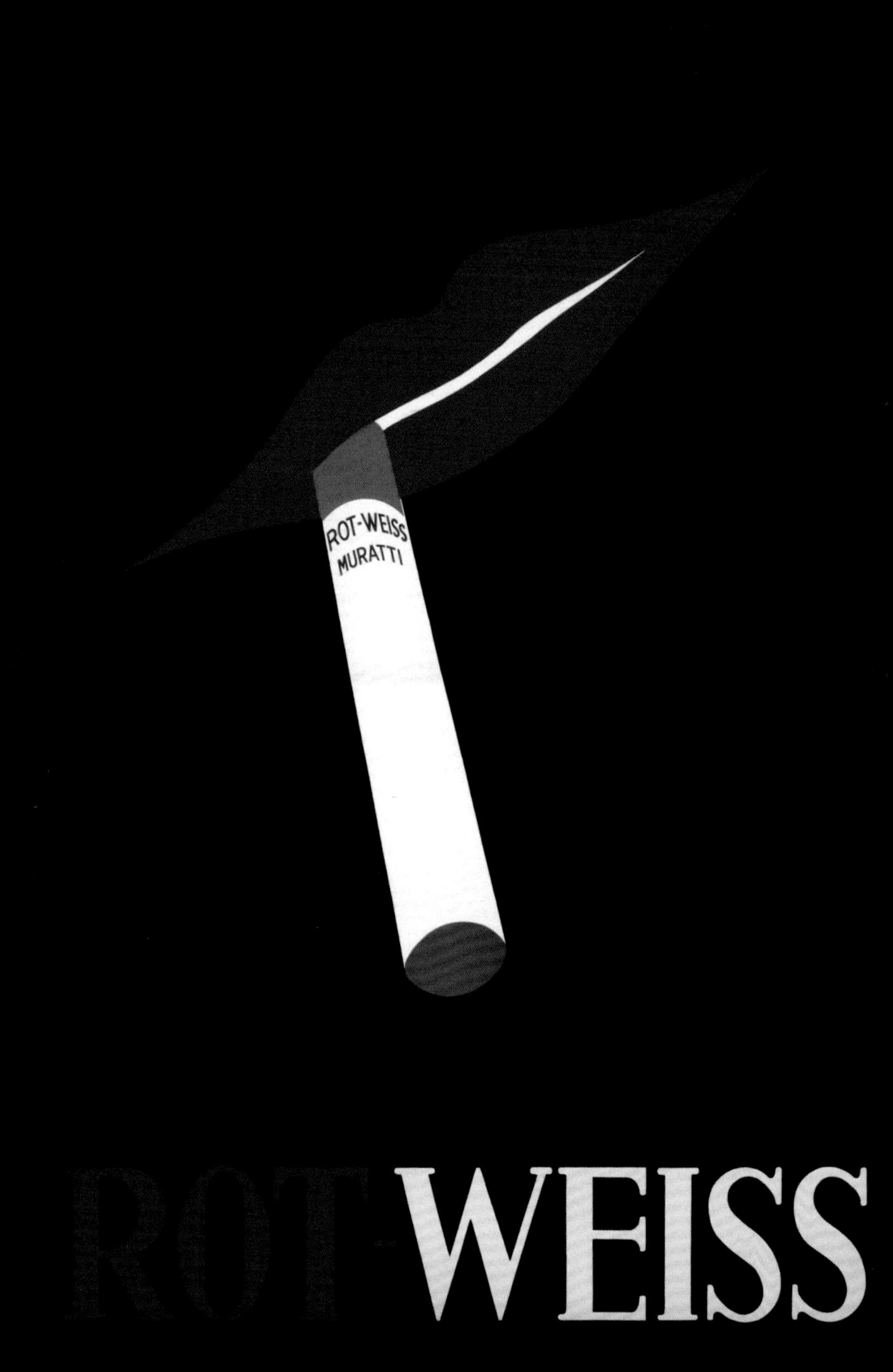

ROT-WEISS
MURATTI

ROT·WEISS

ROUGES A LÈVRES

GUERLAIN

Who's the
fairest of
them all?

从克里奥帕特拉的
梳妆台到你的
梳妆台

　　古埃及的女士们也涂抹口红：柏林新博物馆著名的纳芙蒂蒂（Nefertiti）半身像，发现于埃及梅尔，现为纽约大都市艺术博物馆藏品的阿特米多拉（Artemidora）木乃伊（一位20多岁死于公元前90—前100年的女士）即为证明。很多历史学家认为那个文明中的男士们也把嘴唇涂红。

　　古埃及最著名的女王克里奥帕特拉（Cleopatra）也热衷于红唇。她的君主仪容包括红唇和突出的深黑眼线，与当代的猫眼妆无异，但比这种流行于20世纪60年代的妆容早了约两千年。克里奥帕特拉使用的着色剂是从红赭石中提取的，这是一种从黏土类的自然颜料中发现的棕色成分，她的口红来自一种更为昂贵的红色染料：胭脂红，用碾碎的胭脂虫制作而成。是的，这听起来很恶心，但是胭脂红现在仍用于食品和化妆品。制作一磅克里奥帕特拉最爱的口红需要七万只虫子。

5e Année. — N° 213.   Le numéro : 50 centimes.   31 Juillet 1919.

LA BAÏONNETTE

QUAND LES FEMMES VOTERONT...

女性参政者红

20世纪初期，很多国家的女性参政者开始为选举权而抗争。她们的反抗在那个年代是具有革命意义的，当时大部分女性在政治和商业上都不活跃，她们热衷于留在家中扮演妻子、主妇和母亲的角色。涂抹口红——借助它传达出力量、自信、勇气和女性气质——成为女性表达抗争的另一种方式。它也代表着与传统的决裂，并在很多方面代表着社会对女性涂抹口红看法的巨变。在之前的数代人眼里，口红往往和妓女、女演员和歌舞女郎联系在一起。

化妆品大亨伊丽莎白·雅顿（Elizabeth Arden）支持女性投票权，并坚定地与她们站在同一战线上。1912年，女性参政者的抗议游行队伍经过她的沙龙时，雅顿及团队给她们递上了口红，这与马拉松比赛不同，路边的拉拉队通常给选手递上一杯水。

第二年，1913年3月，将近5000名女性游行经过华盛顿的宾夕法尼亚大道，她们也涂着口红。事实上，口红在别处也被用作女性参政者的标志，比如说在英格兰，女性参政者领袖埃米琳·潘克赫斯特（Emmeline Pankhurst）和其他投身于这项事业的人也常涂抹口红。短短几年后，口红成了常态，其中有部分原因来自女性参政者们的推动。

存疑时，
涂抹口红。

——

——比尔·布拉斯（BILL BLASS）

新风貌

第二次世界大战后，迪奥于1947年推出的"新风貌（New Look）"系列使女性时尚回归于强调美好的女性轮廓，该系列以宽大裙摆、紧身外套、收拢腰身为特点。迪奥公司的标志色是红色：当时，设计师秀——时长2小时，包括200多套服装——队伍中间总有一组深红色裙子。它们很出挑，与品牌其他流行的黑、灰服饰形成了强烈的反差。迪奥先生完全能够理解红色的力量和诱惑，他曾说："红色充满能量，让人受益。它是生命的颜色。我爱红色，它适合各种肤色。它也适合各种场合。每个人都有一款适合的红色。"1949年，迪奥推出了一款赠予前350名顾客的限量款口红，它成为迪奥化妆品线的先驱。尽管推想唇膏为红色是符合逻辑的——红色是迪奥的标志，也是当时最流行的口红色号——但关于确切的色号至今已无影像或纪录片可证明。几年后，一场面向更多观众的T台秀正式推出了一个新的化妆品系列，其中包括两款口红——9号和99号，与模特身着的时装相配。今天，迪奥的口红中仍包括一款优雅的消防车红999，该数字正是向前几代产品的致敬。

désormais chez Christian Dior

2 formules

de rouge à lèvres

Dior et *ultra*Dior

请用吻让我永生。

========

—— 克里斯托弗·马洛（CHRISTOPHER MARLOWE）
《浮士德博士的悲剧》（1592）

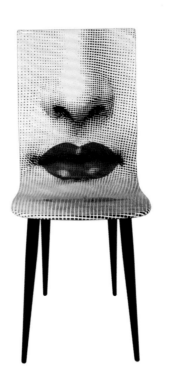

死亡之吻

她很快乐,她知道她留下的尘埃是美丽的。

—— 多罗茜·帕克（DOROTHY PARKER）

《一位可爱女士的墓志铭》（1925）

英国女王伊丽莎白一世在 1558—1603 年统治着英格兰,她着迷于红唇,深信红色可以抵御魔鬼和邪恶的灵魂。她使用的染色剂包含胭脂虫,取其红色,与阿拉伯胶黏合剂及蛋白混合,再掺入无花果树枝里的汁液,用以滑润。

她的化妆品非常特别,也有潜在的毒性:她用黑色眼线笔描画双眼,并通过大量使用威尼斯白铅粉使皮肤白皙,当时这种化妆品由白铅和醋混合制成,据说会导致铅中毒、皮肤损毁和脱发。在肖像画中,这个妆容塑造了一个即使在几个世纪后看起来仍然高贵和极致的形象。尽管在那个时代她相对高寿——69 岁时离世——据说她死于血液中毒。可以合理地猜测这是由于她几十年间使用具有潜在毒性的化妆品,包括她心爱的白铅粉,在她的肌肤中渗入大量铅,最终导致死亡。死时她的嘴唇上覆有一层厚厚的口红,据说有 1/4—1/2 英寸厚,这是她毕生不懈地涂抹口红的结果。

加冕红

1953年6月2日，27岁的女王伊丽莎白二世在她的加冕仪式上缓缓地走过威斯敏斯特教堂。无论从比喻意义还是从字面意义上讲，全世界都在观看，这一天注定会成为一个标志，不仅因为这是重大的国际事件，还因为这是第一次向全球播放皇室加冕仪式。有彩色电视的观众可以看到女王的华美服饰：她穿着华美垂地的丝质长袍，长袍上有大量奢华的刺绣，并镶有形形色色的宝石，包括钻石、猫眼石、紫晶、珍珠和水晶，这是由英国著名的设计师诺曼·哈特奈尔（Norman Hartnell）为她量身定制的，他为皇室定制的大量作品为他赢得了高贵的称号——"女王陛下和女王母亲伊丽莎白女王陛下的御用裁缝"。

作为当天装束的一部分，女王使用了一种定制的口红——深波尔多色，搭配当天的国袍，这是一件深紫色的袍子，用貂毛镶边，缝有金色蕾丝，用金线刺绣。这种色号也被称为巴尔莫勒尔（Balmoral），用来表示对皇室度假用的苏格兰堡的致敬。

女王日常使用各色的口红，包括久经考验的正红色——尽管随着女王年岁渐长，粉红成为主导——女王对口红的热爱不言而喻。历年来，她最爱的牌子包括娇韵诗（Clarins）和伊丽莎白·雅顿（Elizabeth Arden），两者皆因女王陛下的使用赢得了让同行艳羡的皇家认证。

樱桃炸弹

20世纪70年代，朋克摇滚也利用红色口红的视觉冲击效果，在裸色和浅粉当道的时代吸引眼球。将明艳红唇、安全别针、撕破的衣裳和刺猬头完美结合，即使没有拿起扩音器，也似乎在嘹亮地表达"认真听我说"，并拒绝从众。Blondie 乐队的黛比·哈林（Debbie Harry）、苏克西·苏克丝（Siouxsie Sioux）和洛杉矶 X 乐队的艾克西思·瑟文卡（Exene Cervenka）都如此打扮。逃亡乐队的主唱切莉·库瑞（Cherie Currie）戏谑地唱道：自己是一枚"樱桃炸弹"。朋克在寻求四周的反应，口红可以帮助他们获得想要的。

20世纪90年代初吉拉吉风貌的女性，如空洞乐队（Hole）的科特尼·洛芙（Courtney Love）和玩具城宝宝（Babes in Toyland）的卡特·布杰兰德（Kat Bjelland），她们也用口红来发声，表达着不从众的姿态。与娃娃裙、粗大的马丁靴一起，传递着女性力量的信号，与社会大众和主流对抗着。

经过这些年，朋克和吉拉吉风貌逐渐进入了主流社会：机车夹克随处可见，艾迪·斯理曼（Hedi Slimane）等设计师在 T 台上展示了丝绸娃娃装，红色口红也不再必然地意味着愤怒的挑衅。但口红的强烈主张——"快看我"——让很多使用它的人也有了一些朋克的意味。

ROUGES A LÈVRES

VISON

ROSE AURORE

ROSE
MOUSSELINE

ROSE TENDRE

RADIEUX

ÉCLATANT

RUE CAMBON

GARANCE

SAUMON

MIDI

ÉTINCELANT

FLAMME

谁害怕
伊丽莎白·泰勒?

在 20 世纪 50 年代——她事业的全盛期，伊丽莎白·泰勒（Elizabeth Taylor）在电影《巨人传》（*Giant*）、《郎心似铁》（*A Place in the Sun*）、《夏日痴魂》（*Suddenly, Last Summer*）中使用樱桃色的口红，作为必须的、增加魅力值的化妆品。她的红唇是她摄人性感和毋庸置疑美貌的一部分，与她钟爱的奢侈首饰、皮毛披肩、露肩裙在一起，彰显着名声、成功和财富。这种唇色非常地适合她：与她浓密睫毛下的紫罗兰色双眸、白皙肌肤、乌黑秀发相得益彰，凸显了她让人难以企及的美貌。这是她经常在各种宣传照，以及在扮演《朱门巧妇》（*Cat on a Hot Tin Roof*）中玛姬·波利特（Maggie Pollitt）这类角色时所用的唇色。

随着时光流逝，泰勒不再只使用红色口红，主要因为 20 世纪 60 年代开始流行中性裸色。在 1963 年的电影《大饭店》（*The V.I.P.s*）中，她选择了奶油粉色。不管怎样，泰勒非常清楚红唇的力量。根据这位女星的传记记载，在 1983 年《朋友之间》（*Between Friends*）的片场，群众演员只允许使用朴素的裸色唇膏，避免抢走泰勒女士的风头。当化妆师给其他女演员涂抹红色口红时，立刻遭到了训斥，"只有伊丽莎白可以用红色"。

SOLDIERS *without guns*

胜 利 红

第二次世界大战期间，同盟国的女性用口红表达反叛的姿态，象征着拒绝屈服于随战争而来的艰难处境和物资限量。口红代表着韧性、勇敢、情谊和力量，很多女性开始承担起传统意义上男人的工作，因为他们已经奔赴战场。必须承认的是，让自己看起来吸引人也是一个动机。

顺便说一句，阿道夫·希特勒（Adolf Hitler）痛恨口红。对他来说，雅利安理想是一张自然的、未经修饰的脸庞和健康的、纯粹的生机。在他眼中，矫饰和醒目的口红太高调和性感。作为一名坚定的素食主义者，他对当时常见的用于口红的动物脂肪也心生厌恶。

在战争期间，各种物资都是限量配给的，包括食物、汽油和罐头。然而对于化妆品，尤其是像口红这样引人注目的东西，被视为保持士气和自尊的重要物品。因其必要性，不应限量配给。在英格兰，温斯顿·丘吉尔（Winston Churchill）和英国政府也支持该想法，从不限制口红的配给，不管是红色，还是其他颜色。正如一位供给部的官员在 1942 年告诉英国 *Vogue* 杂志的那样："化妆品对于一个女人就像一定量的烟草对于男性一样重要。"

但口红在战争期间被高额征税，因此成了一种贵重的商品。有些女人用一种更为廉价的红色染料 —— 甜菜汁染红嘴唇。尽管四周硝烟弥漫，口红仍赋予了生活一些常态，使英国和其他国家的女性振奋并美丽。

在美国，当时的口红管是塑料材质的，因为金属要留给战争。1942年，战时生产委员会下令减少化妆品的生产，但因为女性的强烈反对，被迫在几个月之后撤回指示。

在第二次世界大战中，女性也加入了军队，扮演了前所未有的辅助角色，助战场上的男人们一臂之力。化妆品牌为这些女性特制了商品，也顺带从当时的爱国热忱中赚了一笔。当时的口红包括1941年伊丽莎白·雅顿的"胜利红"（Victory Red）；Tussy的"战斗红"（Fighting Red）；HR赫莲娜的"部队红"（Regimental Red）；英国品牌赛可莱思（Cyclax）推出了"辅助红"（Auxiliary Red）作为"服务女性专用口红"，在当时的黑白广告中，"口红"二字特地用亮红色来凸显。

伊丽莎白·雅顿（Elizabeth Arden）尤其与战争紧密相连，这个牌子当时获得了在军事基地销售化妆品的特许证。伊丽莎白·雅顿也被美国政府选用，为1943年成立的美国海军陆战队妇女后备队专门设计了一款色号。作为制服要素之一，这些女性需要使用与她们着装中红色细节相匹配的唇色和指甲油。雅顿推出了一个色号，名为"蒙特祖玛红"（Montezuma Red），向美国海军陆战队军歌中承诺的"从蒙特祖玛的大厅"致敬。第二年，这款口红也被增加至伊丽莎白·雅顿的产品线，面向普通顾客销售，当时的广告也主打与军队的联系。

战争结束后，口红成了一种提升女性士气的工具。1945年4月15日，英国军队解放了位于德国北部的卑尔根·贝尔森（Bergen-Belsen）集中营。可想而知，场

面将会十分灰暗。为帮助那里的女性重获秩序感和自尊心，英国红十字会送去了一批口红。也许一开始这个行为看起来虚荣、肤浅，但却是十分紧要的供给。陆军中校默文·威利特·科因（Mervyn Willett Conin）——一名第一批到达那里的军官，在他的日记中这样写道："躺在床上的女人没有床单，也没有睡衣，但涂抹着猩红色的口红。你看到女士们四处走，什么也没穿，只在肩上披着毯子，但却抹着口红……终于，有人让她们看起来有人样了，她们是人，不再是文在手臂上的数字。"尽管口红不能消除她们所经受的磨难，却是帮助她们重获新生的有力支撑。

铆钉女工罗西

第二次世界大战期间，女性第一次成为劳动力，她们进入工厂，填补了男人们因参军留下的工作空缺，包括为士兵制造在海外作战时需要的器械、弹药及其他金属工具和设备。在那个年代，战争时期的工人角色铆钉女工罗西（Rosie the Riveter）——她身穿工作服，脚踩笨重的鞋子，头发盘起塞进红色圆点头巾中，涂抹着亮色口红——也以不同形式亮相，包括一首战时歌曲和诺曼·洛克威尔（Norman Rockwell）1943年刊登在《星期六晚报》封面上的绘画作品。然而，最经久不衰的罗西形象出现在一张提升士气的海报上，海报由西屋电气公司制作，挂在厂房中，本意是为了减少女职员旷工现象。在口号"我们能做到！"底下是一位彩色的女性工人形象，她专注、自信、有力，展示着二头肌，眼神里透露着挑衅和决心。这个形象的创作灵感来自一位真实的女性，名叫娜奥米·帕克·弗莱利（Naomi Parker Fraley），她曾是一名女招待和工厂女工。

根据弗莱利2018年在《纽约时报》上的讣告，海报在后续的40多年中被人遗忘了；当它于20世纪80年代——很可能是在华盛顿国家档案馆——被重新发现时，它很快成了女性力量和韧性的代表。从那以后，它经常被用于类似场景。其他有力量的女性，如美国前第一夫人米歇尔·奥巴马（Michelle Obama）的头像有时会被粘贴到弗莱利的位置。

看见红色

伊丽莎白·雅顿（娘家名佛罗伦丝·南丁格尔·格雷汉姆 Florence Nightingale Graham）1910 年在纽约开店后不久，就在产品中增加了彩妆。红唇爱好者赫莲娜·鲁宾斯坦（Helena Rubinstein）1902 年在澳大利亚开了一家主打面霜的公司，并于 1915 年在纽约开了一家店，像雅顿一样，也涉猎了化妆品领域。对手诞生了。

在后续的 50 多年中，很多美国及别国的女性从雅顿或鲁宾斯坦那里挑选口红，两家争夺顾客的注意。它们的产品针对同一女性客户群，并时常跟随同一潮流，比如说不易掉色的口红和容易使用的睫毛膏。

两名女性的竞争并不止步于商业上的成功：很显然，尽管从未谋面，她们之间的拔河战更私人化。比如说，当鲁宾斯坦 1937 年决定将旗舰店搬到对手附近时，雅顿立刻雇用了十几名鲁宾斯坦的高管，包括总经理。两年后，鲁宾斯坦为这个顶层职位物色到了人选：雅顿的前夫 T.J. 路易斯（T.J.Lewis）。对她们俩而言，这场竞争刺激了她们对成功的渴求。

在一个很少有女性会被提拔进高级管理层的年代，化妆和护肤行业为这些有雄心的开拓者提供了一种理想的方式，她们可以利用自己的专长赚个盆满钵满——并且，可以用精心修剪、涂着指甲油的利爪一步步地爬到

高处。其他一些敢于尝试的女性也开创了自己的品牌，如沃克夫人（Madam C.J. Walker）为非裔美国女性设计了一系列产品，但雅顿和鲁宾斯坦的影响力尤其突出。直到今天，伊丽莎白·雅顿仍是全球知名的化妆品品牌，HR 赫莲娜在欧洲和网上也仍有销售。

口红效应

2001年，美国9·11恐怖袭击发生后，雅诗兰黛董事会主席莱昂纳多·兰黛（Leonard A. Lauder）发现，他的公司在9·11事件后，口红的销售量虽然不至于翻倍，但确实增加了。英国《卫报》也报道，这个现象可以追溯到1930年代的全球大萧条，从1929年到1933年，美国的工业总产值减少一半，但化妆品的销售额却增长了。

于是，大家就将这种情况称为"口红效应"。在经济危机中，人们会减少大宗消费，比如购置房产、旅行，但也因这时生活苦闷，一些惠而不费的小玩意儿销量却会大增，比如纸杯蛋糕、口红。

不过，也有人质疑这一效应是否真实存在。《经济学人》（The Economist）于2009年通过统计分析得出，很难找到可靠的历史数据验证"口红效应"。市场研究机构Kline & Company收集到的数据也显示，在经济困难时期，口红销量有时会增加，但在经济繁荣时期，销量同样会增长。

Mon secret est le tien maintenant qu'un baiser
T'a dit ce que mon cœur ne pouvait point oser.

REX
1973

Le Baiser

我忘记了一切。

你的双唇是如此美丽。

我的红

    大艺术家巴勃罗·毕加索（Pablo Picasso）和弗朗索瓦丝·吉洛（Francoise Gilot）的女儿——珠宝和配饰设计师帕洛玛（Paloma）曾是很多艺术家的缪斯。他们为她创作肖像画，包括安迪·沃霍尔（Andy Warhol）、赫尔穆特·纽顿（Helmut Newton）、理查德·艾维顿（Richard Avedon）和她的父亲。20世纪70年代，优雅的潮人毕加索是一个"IT女孩"，朋友圈光鲜夺目，伊夫·圣罗兰（Yves Saint Laurent）、露露·德拉法蕾斯（Loulou de la Falaise）、马里莎·贝伦森（Marisa Berenson）和马诺洛·伯拉尼克（Manolo Blahnik）都在其中，她经常出入国际热门会所，包括54俱乐部（Studio 54）和皇宫（Le Palace）。

    口红是她公众形象的重要一部分，与当时流行的苍白、自然唇色形成了鲜明的反差。她经常涂抹冷色调红色，风格强烈、浮夸，彰显无畏的个性。在乌黑秀发和极端苍白的肤色衬托下，她的唇色视觉惊人；整体看起来就像拍立得相片一样——有岁月感的自拍——因为它捕捉到了红色、白色和黑色戏剧性的闪光。

    讽刺的是，毕加索对于口红的喜爱并非源于自信。"我其实非常害羞，"她承认，"对于我而言，就像用盾牌保护自己。我可以躲在后面，同时让人印象深刻。我以为别人会被吓跑，并且不会意识到其实我比他们更害怕。"

但红唇却成了她突出的标记。1984 年，她与欧莱雅合作推出第一款自己的同名香水帕洛玛（Paloma），香水一经问世便大获成功。几年后，她又推出了一款口红，合理地开拓了产品线。这款口红被称为"我的红"（Mon Rouge）：一款真正的、浓烈的红色，富有光泽，着色时间长，且包装极为奢华：一个精致、细长的金管，感觉更像一件奢侈的珠宝，而不是化妆品容器。

产品的售价也很昂贵，单支价格 30 美元，按照今天的标准大约是 70 美元。尽管"我的红"在全球高端商场都有销售，如英国的哈罗德、美国的布鲁明戴尔，但最终停产了。不管怎样，毕加索涂抹它的样子，不管在肖像画里还是在广告中，都具有强烈的冲击性。尽管现在她倾向于选择中性一些的粉色，从而表明更柔和的时尚态度以及避免在人群中被频繁认出。

mon parfum

Paloma Picasso

Oh My! Carnal Lady Danger

Hot Lover Fame Seeker

Magnetic Attraction Amazing

Desire Uninhibited Icon

Unzipped

Hot Rumor Dominant

Dressed To Kill Goddess

Wham!

Impassioned Hustler

Visionary

Damned

Virgin

Kiss of
Fire

The
Warning

Devil

Disorderly

Starwoman

Burning
Love

Eternal

Name Your Poison

Fire

Alluring

Flame

Obsessed!

Siren

Original Sin

Regal

Love
Drunk

Bad Blood

Forbidden Love

Extreme
Heat

Comment a-t-on osé faire un film de **LOLITA**?

METRO-GOLDWYN-MAYER et SEVEN ARTS PRODUCTIONS présentent un film de JAMES B. HARRIS et STANLEY KUBRICK

LOLITA

avec JAMES MASON · SHELLEY WINTERS · PETER SELLERS et SUE LYON dans le rôle de "Lolita"

Réalisation de STANLEY KUBRICK   Scénario de VLADIMIR NABOKOV d'après son roman "Lolita".   Production de JAMES B. HARRIS

VISA MINISTÉRIEL N° 516

CINÉ-MATO

寻人，寻人：桃乐莉·海兹

头发：棕色

唇色：红色

年龄：5300 天

职业：无，或"年轻女演员"

———

———弗拉基米尔·纳博科夫（VLADIMIR NABOKOV）

《洛丽塔》（1955）

热情似火

红唇是玛丽莲·梦露性感标签中最重要的一部分：她噘起的饱满双唇和从中发出的温柔、闷闷不乐的声音，流露出性感的诱惑和极致的女性魅力。与她白金色的头发一起，口红、紧身低领裙、高跟鞋是她的外形标志。更重要的是，口红强化了很多她所饰演的角色，如《绅士爱美人》（*Gentlemen Prefers Blondes*）中的罗蕾莱·李（Lorelei Lee）和《巴士站》（*Bus Stop*）中的切丽（Cherie），口红是强调角色女性气质和诱惑力的理想工具。

拍电影时，给梦露上唇妆是很讲究技巧的：她的化妆师艾伦·惠特·斯奈德（Allen Whitey Snyder）一次使用好几种色号，嘴唇周围用深色，中间用浅色，突出一种噘嘴的效果。但梦露诱人的形象并不仅限于荧幕，私下里，她常涂抹自己最钟情的颜色，蜜丝佛陀（Max Factor）的宝石红（Ruby Red）。这个品牌在美国已经下市，但在欧洲仍深受欢迎，并在2016年推出了包含四款不同红色色号的玛丽莲·梦露口红系列。其中就有梦露最爱的宝石红。

为美受累

人类抹口红已有 5000 年的历史了。古代不为人知的秘方中经常含有腐蚀性成分，所以女人（在某些文化中也包括男人）在追求美时也为之所累，甚至最后被毒死或毁容，或两者兼有。铅曾是口红中的常见材料：公元前 2500 年，美索不达米亚南部乌卡城的王后普阿地（Pu-abi），用铅和碎赭石混合物涂抹嘴唇。虽然她的死亡并不能明确地归咎于口红，但她的确在 40 多岁很年轻时就离开了人世。

古埃及人也常用红赭石给嘴唇上色，是类似赤土陶瓷那种锈色。他们的口红染色剂中还包括其他一些有问题的成分：岩藻糖，一种富含汞的植物染色剂；碘；溴甘露醇，同样来源于植物萃取，有潜在的毒性。埃及人也使用一些无害和不寻常的成分；他们有时会加入鱼鳞，制作出有珍珠色泽的口红，是亮光口红的鼻祖。

朱砂，一种橘红色颜料，在长达几个世纪的多个文明中都用于口红。在千余年前的古代中国，这种学名叫硫化汞的染料，和多种动物血液、动物脂肪混合在一起，使口红富有油性、易于抹开。穿越至 19 世纪的欧洲，朱砂仍是口红的重要成分之一。很不幸，它含有汞，这种有潜在毒性的矿物质会导致很多健康问题。当时汞的危害性尚未被人觉察，直到最近 50 多年，科学家才探测到它的危险。

现在的口红配方中已不包括铅和汞，出于对这些成分危险性的深切认知，口红的安全性已超越以往任何时候。但是一些口红配方中仍然包括女士们不愿吞食的成分，如聚乙烯和丙二醇，后者是一种酒精。如今，一名普通女性在她的一生中会不知不觉用掉 4~9 磅口红。有一些被证明好用的成分仍被保留：胭脂虫——这是克利奥帕特拉最喜爱的染料，现在通常被叫作洋红，仍是口红的常见成分（对，仍从胭脂虫中提炼而来）。现代口红常含有一些有益成分，如滋润的维他命 E 和鳄梨油。

你为何不……
用红色？

我不能想象自己会厌倦红色，
这就像厌倦你的爱人一样。

—— 黛安娜·弗里兰（DIANA VREELAND）（1984）

　　黛安娜·弗里兰（Diana Vreeland）是一位有远见的时尚编辑，1963—1971 年担任 *Vogue* 主编，她喜爱红色。她对红色的热爱映照出她的生机勃勃。红色似乎能代表她最突出的品质：精力无限，自信，勇于表达，以及与美丽事物的强力联盟。在她的生命中，红色无处不在，从她经常穿的及膝罗杰·维维亚（Roger Vivier）蛇皮靴，到她公寓起居室里的装饰：红色的墙壁、红色织锦窗帘、陈列各处的形形色色的红色小物。

　　红色也是弗里兰妆容的一部分，尤其是唇色。她也热衷于红色指甲：她使用的一款指甲油由露华浓创始人查尔斯·雷夫森（Charles Revson）为她定制，装在她从巴黎带回纽约家中的一个瓶子里。亮红是它的定妆色。对她而言，红色是彩虹中最完美的颜色。她说："红色有伟大的净化作用——它明亮、清洁、醒目。它衬得所有其他颜色更美丽。"

丘比特之箭

第一次世界大战结束给西方女性带来了巨大的文化变革。几千年来人们习以为常的长裙和紧身衣开始落伍，最终让位于保罗·波烈（Paul Poiret）在 1910 年推出的短款宽松内衣——被称为 Flapper 的潮流女郎诞生了。Flapper 在妆容和姿态上都体现了新的自由意识。她们的裙子更短，剪波波头，听爵士。她们跳舞，抽烟，在公共场合喝酒。女演员如克拉克·鲍（Clara Bow）和露易斯·布鲁克斯（Louise Brooks）在荧幕内外的形象使这种外形和姿态更为流行。鲍作为 IT 女孩鼻祖，在多部电影中出演夜夜笙歌的爵士女孩；布鲁克斯的波波头引领着全球女性修剪整齐时髦的短发。

Flapper 妆容最关键的一点是口红，反衬苍白、擦粉后的肤色。通常，涂口红时会勾画出嘴唇顶端的唇峰，从而在视觉上收窄了唇角，突出 Flapper 撩人的性感和自由的精神。这款被人称为"丘比特之箭"的妆容在 20 世纪 20 年代风靡一时，以至于 HR 赫莲娜·鲁宾斯坦推出了一款口红名为"丘比特之箭"，承诺每次都能涂抹出完美无瑕的尖角效果。

尽管 1929 年股市的崩盘给长达十年的纸醉金迷画上了句号，但 Flapper 钟爱的口红却留下了永久的印记。从那时起，在公共场合涂抹口红不仅被广泛接受，也在 20 世纪 50 年代成了女性日常仪容的标配。

耀眼闪亮

20世纪80年代的时尚追求繁冗，如厚重的方垫肩、色彩鲜艳的裙子、精心打理的发型、浓厚的妆容。醒目的腮红、漆黑的眼线、耀眼闪亮的红唇随处可见。琼·科林斯（Joan Collins）在《豪门恩怨》（*Dynasty*）中饰演的亚历克西斯·卡林顿（Alexis Carrington）充分地体现了这种妆容及其夸张繁冗的细节。

回头看，当时的妆容略显浮夸，但却显露出勇气和女性的坚毅。在罗伯特·帕玛（Robert Palmers）1985年的音乐录影带《对爱上瘾》（*Addicted to Love*）中，五位美艳却冷漠的女性表演"乐队"。她们每个人都穿着紧身小黑裙，脚踩高跟鞋，头发向后扎紧，嘴唇上涂抹着浓厚光亮的口红，她们有力量、精致、诱人，表情中含有刻意的厌世。尽管这些女性只作为背景乐队存在，但她们是耀眼的明星。一款妆容问世了，由于当时音乐录影带的影响力，全世界争相效仿。

然后是嗓音性感的莎黛（Sade），她柔情蜜意的歌曲，如《至高无上的爱》（*Your Love is King*）和《调情圣手》（*Smooth Operator*）是当时很多人在浪漫时刻的配乐。莎黛的美貌使音乐具有诱惑力：她的头发向后扎起，按20世纪60年代猫眼妆的风格为杏眼画上眼线，涂上睫毛膏和中性的眼影，口红突出了她性感的嘴唇。

随着20世纪80年代向前推进，色彩鲜艳的口红仍

流行，但哑光雾面和半哑光雾面口红取代了光亮的唇彩。极简主义的妆容也回归成为时尚，蓬蓬裙让位于吊带裙，与低调的妆容更匹配。女性在商业和政治领域取得了前所未有的地位，尽管口红能凝聚焦点、传递力量，但很多雄心勃勃的高管和有抱负的领导者认为不大闪亮的口红更具权威感。几十年后，很多职场女性仍保留着对哑光口红的喜爱。

"吻我，然后你就能意识到我有多重要了。"

———

———西尔维娅·普拉斯（SYLVIA PLATH）
日记
1956 年 2 月 19 日

口红大战

从 20 世纪 40 年代开始，口红已成为一桩大生意。化妆品品牌之间竞争激烈、抢占市场。伊丽莎白·雅顿和 HR 赫莲娜是知名的先行者，露华浓也不示弱，将指甲油和口红搭配销售。露华浓最富盛名的一款色号应该是"冰与火"，为此公司推出了优雅的杂志平面广告，由朵·莲丽（Dorian Leigh）身穿华裙演绎，广告上还印有一列诱惑性的问题，如"被吻时你闭眼吗？"掌镜摄影师是著名的理查德·阿维顿（Richard Avedon）。广告承诺女性除了该标价商品，还可以收获老练和神秘感。

同时期另一位化妆品巨头，黑兹尔·毕夏普（Hazel Bishop）也加入了这场战争。她毕业于巴纳德学院，拥有化学学位。通过试验多种配方，她发明了一款"长效保湿"和"吻不留痕"的口红，并成立了一家公司，于 1950 年将该产品推向市场。在最初的六种颜色中，有五种是红色，包括色号"红红红"（Red Red Red）和"中等红"（Medium Red）。毕夏普后来又推出了几款强调产品特色的口红，包括"不留痕口红"和"长效口红"。借力于很多品牌（如 HR 赫莲娜和伊丽莎白·雅顿）都认为过于低端的媒介——电视的推广，她的口红大获成功。

这个品牌的电视广告并不复杂，但非常有说服力。比如，在当时一档流行的游戏节目《敲钟》中插播的黑兹尔·毕夏普广告，模特将两款不同的深色口红涂抹到手掌上——一支是毕夏普，另一支是匿名品牌——并用力擦拭。毕夏普口红保持不变，另一款却褪色了。尽管与露华浓迷人的平面广告相比，这种形式更像是电视导购，但信息传递到位。

露华浓的创始人查尔斯·雷夫森目睹了毕夏普电视广告的成功，并紧随其后：在50年代中期，露华浓成为周播游戏类节目《64000美元问题》的品牌赞助商。露华浓在电视上亮出其品牌标识，广告中充满兜售意识，宣称露华浓是"化妆品中最响亮的名字"，结果效果显著，该赞助推动了露华浓在化妆品行业中成为领袖。这档节目受众广泛，在电视成为家庭娱乐的主要方式时，节目大受好评。

这个群雄激战的时期——露华浓、毕夏普、鲁宾斯坦和雅顿——被称为"口红大战"，大家疯狂比拼销量。尽管今天的化妆品行业仍竞争激烈，但当时战火之激烈却是前无古人。

PURE  RED

Imagine the vibrant heart of a red rose,
distilled through purest light rays and you have
Elizabeth Arden's pristine Pure Red—a colour
of radiant brightness for every woman's lips.
For this, remember, is that rarest of reds, Pure Red
—wonderful with the leafy greens of Spring,
brilliant forecast for fashion's choice. Wear Pure
Red creamy Lipstick with pure Red Cream
Rouge and exquisite Elizabeth Arden
Powder harmonised to your complexion

Elizabeth Arden

艺伎：红唇研究

传统上，在艺伎的妆容中，口红是极为重要的一环，鲜艳的哑光红唇与白皙的肌肤相呼应。尽管艺伎在妆容上多处使用了红色——描画眼部轮廓、突出眉毛、涂抹在性感的后颈上——焦点依然落在鲜红的双唇上。和歌舞伎演员相同，艺伎在宏大的历史和戏剧框架内表演。歌舞伎演员也使用红色描画嘴唇、眉毛和脸上的其他部位。

历史上，艺伎使用的唇色取自红花（benibana flower），一种日本本土花卉。这种花的花瓣为黄色——花蕾像一朵缩小版的向日葵——但有些花瓣是深红色的。数千年来，这种罕见的红色花冠经发酵成了口红染色剂，被称作"小町"（意为美人）和"红"，或仅简称为"红"。这种深红色浸在小搪瓷碗——有点像日式小酒盅——中发酵成黄绿色。上色时，艺伎用湿刷子蘸取绿色染料，一接触，刷子就变为红色。刚开始，颜色非常薄透，但可以形成厚实、不透水的外层，成为艺伎的标签之一。

艺伎的嘴唇从未用红色涂满过。第一年作为舞伎（培训期的艺伎）时，只有下嘴唇涂上红色。即便完全成长为艺伎后，也只有一部分上、下嘴唇抹上了红色，并勾画出一个夸张和不真实的唇线，像卡通人物。今天，很多艺伎在上妆时增添了最后一步，用小刷子蘸一点熔化了的硬糖芯，流动的糖液成了密封胶。微微发亮的定妆效果就留在了嘴唇上；它可以柔化哑光的嘴唇纹理，并确保饱满的唇色能多停留几个小时。

JAPAN

sans hésiter

le rouge baiser

M. Ph. F. 47

CALCULÉ A PARIS PAR PAUL BAUDECROUX

MAGASIN D'EXPOSITION : 27, FAUBOURG SAINT-HONORÉ · PARIS-8ᵉ

女人的第一份工作是挑选正确的口红色号。

—— 卡洛尔·隆巴德（CAROLE LOMBARD）

追求完美

尽管红色口红具有广泛的吸引力，但众人对它的喜好呈两极化分布。口红所表达的强烈主张及涂抹时所需的精准度可以说是惊人的。

芭比波朗（Bobbi Brown）1991年在波道夫·古德曼百货公司（Bergdorf Goodman）推出同名产品、登载报纸广告时，用了一句响亮的宣传语："你要么是红唇人士，要么就不是。"实际上，每个人都有一款适合的红色口红，取决于在两方面找到最合适自己的款式：质地和色号。

质　地

口红常让人有独断的强势感，但也可以达到柔和的效果。不同之处在于材质：与高饱和度、着色时间长的口红相比，在滋润成分中掺入些许红色的润唇膏让人感觉低调，且更容易涂抹。就像同一首经典歌曲的原声版和摇滚改编版之间的区别。换句话说，质地不同，即使颜色相同也会有显著的区别。

哑光（Matte）

最浓厚的口红配方——哑光雾面定妆——讲究、强烈、精致。这是为红地毯上的名流准备的质地：和其他口红比起来，它代表了一种高雅的风格、自信和优越感。哑光和红色尤其相称——形成清爽和摩登的妆容，颜色和质地相得益彰。与唇釉相比，涂上哑光口红需要更多的精力和时间——唇线和唇刷可以帮助实现完美的上色，既不超出唇部轮廓，也不过于留白，形成完美的唇峰和线条。

哑光口红是持妆时间最长的口红，相比滋润成分，它更注重颜色浓度。颜色浓度高也使哑光口红偏干，事先快速涂抹一层润唇膏可以减轻干燥程度。以及——请用户注意——哑光口红需在日间重复补妆，尤其是在吃饭和喝水后。

奶油（Cream）

这类口红便于涂抹，富有柔和的女性气质，奶油口红和缎面口红是口红中的骨干分子。精致、醒目却不极端，这种类型的口红适用各类场合，周末休闲、日常通勤或婚礼聚会。它适用于各个年龄的女性。

奶油和缎面质地比哑光更舒适，因其配方中常含有滋润成分。滋润成分使口红更易涂抹，也更易掉色、溢出。方便使用的唇线笔减少了这方面的问题，不管是用红色的匹配色号还是裸色款。化妆师的另一个诀窍是在口红上色前打底，使着色持久。奶油口红和缎面口红也需在日间重复补妆。

唇釉（Gloss）

唇釉的闪亮视觉感呈现出最性感的定妆效果。湿润感让它极具诱惑，让人联想到舔过或因亲吻而湿润的双唇。配方从微微发亮到完全湿润，有时商品名称中会出现诸如"漆光""镜面""釉光"之类的词，形容其光滑的涂层。

红色唇釉像一种夺目的樱桃糖浆。一些富有黏性，另一些很清爽也容易上妆。必须承认的是，涂抹唇釉容易弄糊和溢出。找到既光滑湿润又易于着色的完美型号可谓极具挑战性，但市场上也有诸多选择。

唇釉易于涂抹——通常用一根小棍，很多时候甚至无须借助镜子——因此非常适合下班时用。水状质地使其不易持妆，所以粉丝们常常随身携带，以便日间或夜晚随时补妆。

缎面（Stain）

深沉、自然，也是最容易上色的一种口红。与其他质地相比，缎面口红看起来不那么"饱和"，但色彩感强烈。涂抹时无须郑重其事，也无须唇线笔之类的工具；有的质地有些干燥，在带妆一天后，需要涂些润唇膏。缎面口红的妆容很自然，如果涂的是红色，看上去就像是刚吃了一碗桑果雪芭，或一把熟樱桃。这就是缎面口红特别适合休闲装的原因。此外，它很容易涂抹，甚至用一根手指就能搞定，大部分持妆时间很长。

色　调

"红"其实是众多具有细微差别色调的统称，从西瓜粉、橙红、消防车红到牛血色。事实上，色彩家族中确实存在彩虹色谱，有充足的选择适合每个人。尽管有一些基本原则可供大部分女性参考，但找到完美的颜色需要一些试错的尝试，加上在化妆品柜台花费大把时间。除了个人的选色外，值得谨记于心的是，你的穿着、出席的场合，甚至季节和天气，都是选色需要考虑的因素。

蓝调正红色（Blue Red）

清爽、干净的冷色调正红色 —— 最超越时光限制的颜色 —— 适合的肤色范围很广，从异常白皙到极度黝黑；从金发到乌黑秀发，全都相衬。它特别适合冷色调肤色 —— 略带粉或蓝的肤色 —— 而且能使绿色或蓝色眼眸异常闪耀。与它最搭的是古典妆容，如黑色眼线；而搭配眼妆和腮红就会过于夸张。它能让牙齿看起来更白净 —— 蓝色反作用于黄色 —— 同时，它也会让绯红的面颊、破裂的毛细血管和酒糟鼻看起来更醒目。

橘红（Orange Red）

混合橙色和黄色的口红，如珊瑚红和朱红色，与暖色调肤色完美搭配，如黄褐色、橄榄色或黄色。肌肤白皙的女性用这种色调的口红会非常醒目，若肤色中带有橘黄色调，则效果更佳。橘红色明亮、容易搭配，显得活泼乐观，但会突出黑眼圈和色素沉淀。它也很衬各种颜色的眼睛。橘红色很有夏日感，尤其适合温暖的气候，浅色活泼的衣物。这一色调的视觉效果具有冲击力，适用于脸部无其他妆容，使其成为瞩目的焦点。

深红（Deep Red）

　　这一色调所拥有的名字让人想起令人沉醉的美酒佳酿、冬日花呢，如红葡萄酒色、牛血色、紫褐色、勃艮第色。深红色与深色眼眸及深肤色完美的匹配，妆容尤为惊艳和优雅。它也适用于拥有白皙肌肤或浅色双眸的女性，能营造出些许哥特感。保持其余部分妆容干净低调，可以缓和深红色的强烈感。深红色的口红对于晚妆来说恰到好处。总体而言，这种强度和浓度的颜色在较为寒冷的月份和气候中更适宜，也适合搭配厚重的衣服，从而达到视觉平衡。

形式和配方

口红的基础材料几个世纪以来始终未变：油脂、着色剂及使其凝固的蜡。技术的进步在持续改善着配方，但核心成分始终如一，此外还添加了一些讨喜的成分，如香料、气味，偶尔还有软化剂。口红的配方变得不那么干，并能长时间着色；涂抹时，聚合物的质地顺滑而不再黏腻；上妆后，有天鹅绒般丝滑的定妆效果。来自动物身上的萃取物，如羊毛脂，曾是口红中的主要成分，现在则不太常用，因为大部分品牌已不再做动物实验。

现代口红的雏形来自公元 1 世纪末的一位医生——阿布·卡西姆，或被称为阿尔布卡西斯。他制作了固态香膏的模具，使香膏便于使用和携带，口红在几个世纪后也采用了这种形式，与液体或软膏状相比提高了便捷性。阿尔布卡西斯以其医学著作《医学宝鉴》闻名于世，被医师们奉为圭臬达数个世纪之久，但相较而言，他早年的发明魅力更持久。

棒状口红一直到 19 世纪末才出现。"口红"最早装在小玻璃罐里，是有颜色的乳脂或香膏。比起手提包，这些小罐子更适合出现在梳妆台上。1884 年，娇兰推出的勿忘我（Ne M'Oubliez Pas）改变了一切，这是第一款真正意义上的现代口红。"勿忘我"的包装和今天你在柜台上看到的口红截然不同：它装在由薄薄一层锡片制成的矮管中，盖上盖子后高约 1.5 英寸。配方也截然不

同：由蜂蜡、油脂和黑葡萄提取物混合而成。

最常见的尾部带有旋转装置的现代口红，是1922年由美国田纳西的小詹姆士·布鲁斯·梅森（James Bruce Mason Jr.）发明的。在很多方面，梅森的口红是十多年前一项发明的更新迭代：1915年，一位名叫莫瑞斯·李维（Maurice Levy）的化妆品进口商发明了口红的上推

装置，他将浓稠的哑光口红装入狭长的子弹形镍制圆柱体中，并在侧边装上了小推杆。

口红的形状在一定程度上受到了第一次世界大战时炮弹壳的启发，"子弹"是最恰如其分的形容词。梅森和李维的商品比如今市面上的口红要小很多。香奈儿在1924年问世的第一支口红，高1.77英寸（约4.5厘米），直径不到0.5英寸，大概是现在商品高度的一半，直径要小25%左右。但它们具备现在商品的关键特质：便携、易用、价格友好。它们问世时，恰好也是全民将口红视为一种可接受的化妆品的时候，在以往很长的一段时间，口红总让人联想到妓女，或被视为反叛行为。

现在，我们将口红称为 lipstick，严格说来并不准确：棍棒状且颜色丰富的东西一般来说是指儿童蜡笔、绘画铅笔或记号笔。有的唇彩装在小罐子中，颜色、光泽、滋润度各不相同；也有滋润、透气，能涂抹出红色光泽或超哑光效果的液体口红。真正的口红不一定是筒形管状，它可以又长又细，或矮矮胖胖，或介于其中。不管形式如何，其最终魅力是一致的：令人垂涎的包装内总有迷人的色彩。

皇家气质

格蕾丝·凯利（Grace Kelly）散发出冷静的魅力。她精致的美貌毫不刻意；柔软的波浪鬈发，优雅且从不过分性感的衣着，一抹红唇也常是她妆容的重要一环。在她身上，红色似乎成了中立、自然的颜色：女性气质和庄重优雅的终极表达。她的外形有一种近似皇家的气质，这使得她 1956 年与摩纳哥王储雷尼尔三世的婚姻近乎传奇。阿尔弗雷德·希区柯克偏爱冷淡的金发女郎，作为他的宠儿，凯利也赋予了角色高贵的仪容风度。在《电话谋杀案》（*Dial M for Murder*，1954），她与导演合作的第一部电影中，她饰演玛戈·温德斯（Margot Wendice）：在电影令人印象深刻的第一幕场景中，她身穿蕾丝红裙，并以红唇相衬。在《后窗》（*Rear Window*，1954）中饰演丽莎·卡罗尔·弗里蒙特（Lisa Carol Frement）时，她拥有完美无瑕的衣着和妆容，在大部分电影场景中都涂抹着口红——即使是角色在轻松地翻阅时尚杂志时，也精致地涂抹着糖果般的红苹果色口红，好与衬衣相衬。通过希区柯克的镜头，及最终我们的视角，凯利展示着一种令人艳羡的优雅，一种令人望尘莫及的女性理想。

40 年之后，20 世纪 90 年代中期，凯利疏离的美与卡洛琳·贝塞特（Carolyn Bessette）遥相呼应。这也是一位绝美的年轻女性，她和被形容为"美国贵族"的小约翰·F.肯尼迪约会并最终结婚。他俩的关系使她成了狗仔追逐的对象，然而即使在纽约大街上被摄像头冒犯时，她仍然展现出一种自然的优雅和高贵的姿态，颇有凯利的风采。贝塞特·肯尼迪也非常喜爱口红，她在为数不多的几款口红中来回选择，包括MAC的Ruby Woo。 在他们的婚礼上，她涂抹着另一款她最爱的口红，芭比波朗的Ruby Stain，一款非常容易上色的石榴色口红，定妆效果就像传统口红擦拭后的样子。尽管Ruby Stain的原始版本不再销售，但它的效果并不难模仿，先涂抹上深红色的口红，再用纸巾按压，在嘴唇上留下平整的饱和色。

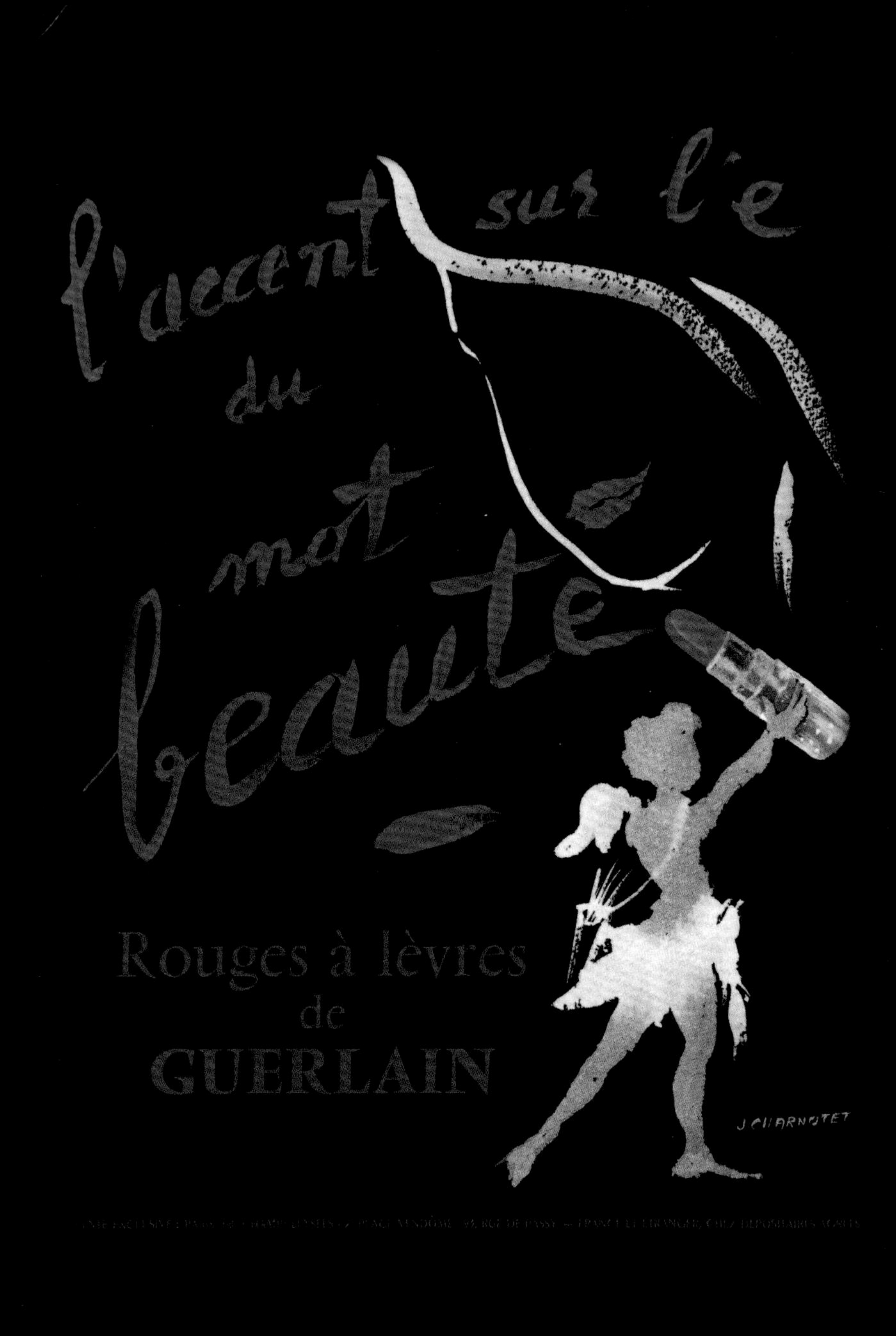

l'accent sur l'e
du
mot
beauté

Rouges à lèvres
de
GUERLAIN

J. CHARNOTET

Rouge à Lèvres
AUTOMATIQUE

Guerlain

À L'HEURE D

情人

    红唇激发出诱惑、爱和欲望。它是所有情色物品的象征，几个世纪以来也一直被如此使用。最有名的例子是曼·雷（Man Ray）的作品《天文台时间：情人》（*Observatory Time：Thelovers*）。在激情燃烧的三年

RE ～LES AMOUREUX

后，他的情人李·米勒（Lee Miller）于1932年离开了
他。之后，曼·雷耗时两年画了这幅画。表现了艺术家
的想念、失落和欲望，以及他对极具诱惑却无法企及的
对象的无尽思慕。

"吻本身是永恒的，从一个唇到另一个唇，从一个世纪到另一个世纪，从一个时代到另一个时代。"

———

—— 居伊·德·莫泊桑（GUY DE MAUPASSANT）
《爱的阶段》（1884）

致 谢

我对口红的爱恋起源于青葱岁月，随着年岁渐长，我的热爱以指数级增长。非常感谢我的编辑伊丽莎白·威斯科特·沙利文（Elizabeth Viscott Sullivan），与我分享她的深情，她的洞见、建议、支持和永无止境的热情。深深地感谢比尔·多诺万（Bil Donovan）为我设计了精美绝伦的书封。诚挚地感谢艺术总监林恩·伊曼斯（Lynne Yeamans）和设计师拉菲尔·杰罗尼（Raphael Geroni），他们让本书惊艳动人，同时也感谢产品总监苏珊·科斯克（Susan Kosko），达尼·塞杰乐波姆（Dani Segelbaum），及哈勃设计（Harbor Design）整个团队的支持。

如往常一样，我也非常感谢理查德·格拉贝尔（Richard Grabel）的帮助和鼓励。

非常感谢为本书腾出时间接受采访的专家、高管和化妆师们，也感谢为本书献出作品的摄影师和艺术家们（及他们的府邸和画廊）。感谢那些做了超越本职工作的人们，特别感谢：布里吉曼影像（Bridgeman Image）的詹妮弗·巴尔比（Jennifer Balbier），弗里德里克·布尔德利耶（Frederic Bourdelier），阿曼达·卡罗兰（Amanda Carolan），约翰·登布西（John Demsey），朱莉·戴迪耶（Julie Deydier），帕特里克·杜塞（Patrick Doucet），里安·齐亚杜尔（Ryan Dziadul），托马斯·哈格蒂（Thomas Haggerty）和麦·帕姆（Mai Pham）。感谢玛西亚·齐果尔（Marcia Kilgore），金姆·拉奇曼（Kim Lachman），布里吉特·奥尼尔（Bridget O'Neill），凯特·巴布·澍恩（Kate Babb Shone），奇瓦·西贝尔费尔德（Kiva Silberfeld），特洛伊·萨拉特（Troy Surratt），凯文·塔奇曼（Kevin Tachman），杰森·沃特沃奇（Jason Waterworth）和马尔基·泽巴（Marki Zabar）。

也同样感谢南希·卡尔森（Nancy Carlson），凯瑟琳·恩斯伦（Katherine Ensslen），波比·金（Poppy King），亨丽埃塔·洛弗尔（Henrietta Lovell），琼·斯尼泽（Joan Snitzer）和雪莱·冯·斯庄克尔（Shelley von Strunckel）。

要不是两位挚爱的家人：拉乌尔（Raoul）和米莉（Millie），本书也不可能完成。对于她们，我献上敬意和一个红唇之吻。

参考资料

（以下书和文章未在中国大陆地区出版，为保证准确性，故保留原文。）

书目

Ackerman D. *A Natural History of the Senses*. New York: Vintage, 1991.

Cohen M, Kozlowski K. *Read My Lips: A Cultural History of Lipstick*. San Francisco, CA: Chronicle Books, 1998.

Corson R. *Fashions in Makeup from Ancient to Modern Times*. London: Peter Owen, 2003.

Downing S J. *Beauty and Cosmetics 1550–1950*. London: Shire, 2012.

Eiseman L. *Colors for Your Every Mood: Discover Your True Decorating Colors*. Sterling, VA: Capital Books, 1998.

Eldridge L. *Face Paint: The Story of Makeup*. New York: Abrams Image, 2015.

Etcoff N. *Survival of the Prettiest: The Science of Beauty*. New York: Anchor Books, 2000.

Fitzgerald F S. *The Complete Works of F. Scott Fitzgerald: Novels, Short Stories, Poetry, Articles, Letters, Plays & Screenplays*. Frankfurt, Germany: e-artnow, 2015.

Fitzgerald F S. *The Great Gatsby*. 1988 ed. New York: Scribner's, 1988.

Germani I, Robin S, eds. *Symbols, Myths and Images of the French Revolution: Essays in Honour of James A. Leith*. Regina, Canada: Canadian Plains Research Center, 1998.

Grant L. *The Thoughtful Dresser: The Art of Adornment, the Pleasures of Shopping, and Why Clothes Matter*. New York: Scribner, 2010.

Heymann C D. *Liz: An Intimate Biography of Elizabeth Taylor*. New York: Atria Books, 2011.

Horn G. *Living Green: A Practical Guide to Simple Sustainability*. Topanga, CA: Freedom Press, 2006.

Jeffreys S. *Beauty and Misogyny: Harmful Cultural Practices in the West*. 2nd ed.Hove, East Sussex, UK: Routledge, 2014.

Kenny E, Elizabeth G N. *Beauty Around the World: A Cultural Encyclopedia*. Santa Barbara, CA: ABC-CLIO, 2017.

Kiester E Jr. *Before They Changed the World: Pivotal Moments That Shaped the Lives of Great Leaders Before They Became Famous*. Beverly, MA: Fair Winds Press, 2009.

Marlowe C. *Doctor Faustus*. New York: W. W. Norton, 2005.

Marsh M. *Compacts and Cosmetics: Beauty from Victorian Times to the Present Day*. Barnsley, UK: Pen and Sword History, 2014.

Maupassant G D. *The Complete Works of Guy de Maupassant*.

London: Forgotten Books, 2006.

Mitchell M. *Gone with the Wind*. 2011 ed. New York: Scribner, 2011.

Moorey P R S. *Ancient Mesopotamian Materials and Industries: The Archaeological Evidence*. Winona Lake, IN: Eisenbrauns, 1999.

Nabokov V. *Lolita*. 1966 ed. New York: G. P. Putnam's-Berkley Publishing, 1966.

Pallingston J. *Lipstick: A Celebration of the World's Favorite Cosmetic*. New York: St. Martin's Press, 1999.

Parker D. *Complete Poems*. New York: Penguin Books, 2010.

Pastoureau M. *Red: The History of a Color*. Translated by Jody Gladding. Princeton, NJ: Princeton University Press, 2017.

Plath S. *The Unabridged Journals of Sylvia Plath, 1950-1962*. Edited by Karen V. Kukil. New York: Anchor Books, 2000.

Pointer S. *The Artifice of Beauty: A History and Practical Guide to Perfumes and Cosmetics*. Stroud, UK: Sutton, 2005.

Sheumaker H. *Artifacts from Modern America*. Santa Barbara, CA: Greenwood, 2017.

Snodgrass M E. *World Clothing and Fashion: An Encyclopedia of History, Culture, and Social Influence*. Abingdon, UK: Routledge, 2015.

Vreeland D. *D.V.* New York: Knopf, 1984.

文章

Betts H. Marilyn Monroe: The Star with Marbles in Her Bra. In: *Telegraph* (London), March 13, 2012.

Collins L. Sole Mate. In: *The New Yorker*, March 28, 2011.

Elliot A J, Daniela N. Romantic Red: Red Enhances Men's Attraction to Women. In: *Journal of Personality and Social Psychology* 95, no. 5 (2008) : 1150-64.

Fox M. Naomi Parker Fraley, the Real Rosie the Riveter, Dies at 96. In: *New York Times*, January 22, 2018.

Guéguen N. Does Red Lipstick Really Attract Men ? An Evaluation in a Bar. In: *International Journal of Psychological Studies* 4, no. 2 (June 2012) : 206-9.

Hart-Davis A. Painting on a Brave Face. In: *Newsweek*, April 13, 2015.

Hochswender W. Illuminating Man Ray as Fashion Photographer. In: *New York Times*, September 14, 1990.

Keiffer E B. Madame Rubinstein. In: *Life*, July 21, 1941.

Larocca A. The Dreamy Promise of Female-Run Fashion Brands. In: *New York*, December 7, 2017.

Nagata K. Beni' Maker Aims to Revive Rare Lipstick. In: *Japan Times*, June 25, 2008.

Nelson E. Rising Lipstick Sales May Mean Pouting Economy and Few Smiles. In: *Wall Street Journal*, November 26, 2001.

The Red Badge of Courage.In: *Harper's Bazaar*, November 1937.

Sciolino E. Sans Makeup, S'il Vous Plaît. In: *New York Times*, May 25, 2006.

Stephen I D, Angela M M. Lip Colour Affects Perceived Sex Typicality and Attractiveness of Human Faces. In: *Perception* 39, no. 8 (2010) : 1104-10.

Tannen M. Hazel Bishop, 92, an Innovator Who Made Lipstick Kissproof. In: *New York Times*, December 10, 1998.

Young K. Revealed: The Queen's Favourite Beauty Products. In: *Telegraph* (London) , April 16, 2016.

广播电影

Grossman A C, Arnie R, dirs. *The Powder and the Glory*. PBS Home Video, 2009. DVD.

Hughes S. Interview on *Woman's Hour*. BBC Radio Four, October 31, 2016.

采访报道

Barba B. Email comments, January 17, 2018.

Barbier J. Interview, December 18, 2017.

Beattie D G. Interview, January 3, 2018.

Bourdelier F. Interview, February 1, 2018.

Brown B. Interview, January 4, 2018.

Curmi J. Email comments, October 13, 2017.

Demsey J. Interview, December 15, 2017.

Doucet P. Interview, January 17, 2018.

Eiseman L. Interview, January 5, 2018.

Etcoff N. Interview, January 9, 2018.

King P. Interview, December 16, 2017.

Light O. Interview, January 3, 2018.

Page D. Interview, January 8, 2018.

Picasso P. Interview, December 13, 2017.

Sui A. Interview, November 15, 2017.

Surratt T. Interview, January 5, 2018.

Tsai V. Interview, January 26, 2018.

Westman G. Interview, January 11, 2018.

平面广告

Cyclax. Auxiliary Red Lipstick advertisement, 1939.

Helena Rubinstein. Everything Your Lips Desire print advertisement, 1942.

照片及插图来源

第3页 米莉·费尔德肖像。费尔德家族资料。

第4页 知名时尚画家雷内·格茹作品。他曾为多家时尚大牌如巴黎罗莎、巴尔曼和纪梵希工作，这幅画是他20世纪80年代为迪奥创作的。© 2018 René Gruau: www.gruaucollection.com.

第6页 塞西尔·比顿作品，阿盖尔公爵夫人玛格丽特的肖像（水彩和铅笔画），1934。私人收藏/photograph © Philip Mould Ltd., London/Bridgeman Images, © National Portrait Gallery, London.

第8页 资生堂水粉平面广告，1938。© Shiseido.

第9页 资生堂冷霜冷霜平面广告，1939。© Shiseido.

第10页 乔·尤拉（1925—2004）所作，画名不详，内容为一名戴黄帽子的女人，创作日期不详。尤拉被视为20世纪最伟大的时尚画家之一。Joe Eula/©Melisa Gosnell.

第12—13页 戴西·德·维伦纽夫的未命名画作，日期未知。私人收藏/Bridgeman Images.

第16页 1937年琼·克劳馥主演的喜剧电影《红衣新娘》海报。她在片中饰演了一名装扮成贵族的歌手，穿着花哨，涂抹口红。Courtesy of Photofest.

第17页 塞西·比顿作品，琼·克劳馥的肖像（钢笔、墨水和水彩画），日期不详。私人收藏/Michael Parkin Gallery/Bridgeman Images © National Portrait Gallery, London.

第18页 丽塔·海华丝在1946年的电影《吉尔达》中的定妆照。相册/Alamy Stock Photo.

第20页 费雯·丽和克拉克·盖博在1939年的电影《乱世佳人》中饰

演斯嘉丽和白瑞德，同时期的杂志封面。尽管玛格丽特·米切尔的小说原著发生于美国内战时期，但费雯·丽的妆容反映了电影拍摄期间的风尚，包括她的红唇。TCD/Prod.DB/Alamy Stock Photo.

第23页 奥黛丽·赫本在1957年的电影《甜姐儿》中饰演一名红衣女，身着纪梵希的裙子。Courtesy Everett Collection.

第24页 玛丽亚·卡尔曼作品《按不确定原则使用口红》。© 2007 Maira Kalman.

第26页 尽管并不介意尝试潮服和大胆的妆容，蕾哈娜在2009年伦敦的电影首映式上选择了一个较为传统的妆容。Chris Jackson/Getty Images.

第27页 1936年鲍里斯·利普茨基拍摄，可可·香奈儿在这张抓人眼球的照片中佩戴着标志性的珍珠项链，涂着红色口红，传递了自信。© Lipnitski/Roger-Viollet/The Image Works.

第28—29页 乔·尤拉画的两名时尚模特。Joe Eula/© Melisa Gosnell.

第30页 麦当娜的宣传照展示了她早年成功的几项标志性特征：白金色头发、内衣外穿和口红。Courtesy of Photofest.

第33页 曼·雷诺多有影响力的作品包括潮流杂志如《名利场》的委托创作。这幅手工上色的《红色英勇勋章》就是为《时尚芭莎》创作的作品（1937年11月）。© Man Ray Trust/ADAGP-ARS/Telimage-2018; © Man Ray Trust/Artists Rights Society (ARS), NY/ADAGP, Paris, 2018.

第34页 Rot-Weiss香烟德国广告招贴画，1931。Swim Ink 2, LLC/CORBIS/Corbis Via Getty Images.

第35页 娇兰口红的平面广告，娇兰在1884年推出了第一款口红。© 1934

Guerlain.

第 36—37 页 在迪士尼第一部动画长片《白雪公主和七个小矮人》（1937）中，白雪公主和皇后都涂着口红。Pictorial Press Ltd/Alamy Stock Photo.

第 38—39 页 红唇涂鸦，地址不详。饱满的圆唇，内涂白色，拍摄于纽约市中心© 2018 Millie Felder. 红唇的轮廓：Ian Hubball/Alamy Stock Photo.

第 41 页 克劳黛·考尔白在塞西尔·B·戴米尔导演的史诗电影《埃及艳后》中饰演埃及女王克里奥帕特拉。Pictorial Press Ltd/Alamy Stcok Photo.

第 42 页 1919 年 7 月 31 日法国周刊 *La Baïonette* 的封面，彼时为妇女参政的高潮，该刊支持妇女为选举权而抗争。©Mary Evans Picture Library.

第 44 页 不同色号唇膏的陈列，证明每个女性都有其适用的一款。©Tom Hartford.

第 45 页 肖像照，展示了红唇和灰发之间的反差。istock/Getty.

第 46 页 阿历克斯·卡茨《黑围巾》，他创作的涂抹红色或其他颜色口红的女性肖像是其作品的一大标志。© 2018 Alex Katz/Licensed by VAGA at Artists Rights Society（ARS），NY. Photograph: Black Scarf, 1996 (screenprint), Katz, Alex (b.1927) / private collection/photograph © Christie's Images/Bridgeman Images.

第 49 页 克里斯汀·迪奥的平面广告，日期不详。All rights reserved/Christian Dior Parfums Archives, date unknown.

第 50 页 YSL 圣罗兰的"脸"裙展示了设计师对艺术的热爱，正如同时期的蒙德里安裙一样。YSL 圣罗兰 1966 年秋 / 冬系列。Mirrorpix/Courtesy Everett Collection.

第 51 页 圣罗兰 2014 年春 / 夏系列中，艾迪·斯迪曼设计的口红主题的裙子。Image © FirstView.com.

第 53 页 Fornasetti Bocca 椅，木质，由手工打磨、上色、上漆。Courtesy of Fornasetti.

第 54—55 页 弗朗切斯特·克莱门特《阿尔巴》。弗朗切斯特·克莱门特的妻子阿尔巴是他作品中的常见对象和灵感来源，包括这幅 1977 年的肖像画。© Francesco Clemente, Courtesy of Mary Boone Gallery, New York.

第 56 页 伊丽莎白一世肖像画。1935（平版印刷品）/ 私人收藏 / Prismatic Pictures/ Bridgeman Images.

第 59 页 伊丽莎白女王二世肖像画。作于 1953 年 6 月加冕礼仪式前后。Chronicle/Alamy Stock Photo.

第 60 页 谢帕德·费瑞的壁画《金发》中的细节，绘于纽约市一栋建筑的侧面。作品 © 2017 Shepard Fairey/Obey Giant Art, Inc；摄影 © 2018 Millie Felder.

第 62—63 页 1980 年的女妖苏克西，同年，她推出了专辑《万花筒》（*Kaleidoscope*）。摄影：林恩·金史密斯；Lynn Goldsmith/Corbis/VCG via Getty Images.

第 64 页 时尚画家布莱尔·布雷滕斯坦的画《红的四种色号》，日期不详。© Blair Breitenstein.

第 65 页 1960 年的香奈儿色盘，用于向零售商展示新色号。如今，它成了品牌史料的一部分。© CHANEL.

第 67 页 20 世纪 50 年代伊丽莎白·泰勒的宣传照。她穿着当时流行的皮毛披肩，涂抹着红唇。Everett Collection.

第 68 页 沃尔特·库恩《穿着军乐队指挥服的女人》（*Woman in Majorette Costume*，亚麻布油画），1944。Courtesy of DC Moore Gallery, New York.

第 69 页 沃尔特·库恩《白色的帽章》（*The White Cockade*，帆布油画），1944。Fred Jones Jr. Museum of Art, University of Oklahoma, USA/ Gift of Jerome M. Westheimer, Sr., of Ardmore, Oklahoma/Bridgeman Images.

第 70 页 插画家阿道夫·特雷德勒以其在第二次世界大战中的美国宣传画而闻名，其画作刊登在同期各种有影响的杂志上，如《星期六晚报》。这张海报即其作品《没有枪的士兵》（平版印刷品），1944。Treidler, Adolph (1886－1981)/private collection/Photo © GraphicaArtis/Bridgeman Images.

第72页 第二次世界大战期间一名英国女士在涂抹口红，地点和日期未知。© Imperial War Museum (D 176).

第74页 从20世纪20年代至40年代，化妆品丹棋（Tangee）以其口红闻名。在第二次世界大战期间，公司针对爱国女性发布了一系列平面广告，包括这一张，时间为20世纪40年代早期。© Illustrated London News/Mary Evans Picture Library.

第75页 伊丽莎白·雅顿口红"蒙特祖玛红"（Montezuma）的平面广告，该颜色的灵感来自海军女士制服中的红帽绳、围巾和盾形徽。Courtesy of Revlon.

第76页 著名海报《我们能做到！》（We Can Do It!），主角为红唇的铆钉工罗西，1942年首次面世后一直激励着女性变得更有力量。Pictorial Press Ltd/Alamy Stock Photo.

第78－79页 摄影师 Chaloner Woods 拍摄的两位女性下国际象棋的照片，c.1955。Chaloner Woods/Getty Images.

第81页左： 伊丽莎白·雅顿，1947。Jerry Tavin/Everett Collection.

第81页右： 赫莲娜·鲁宾斯坦，c.1940。Everett Collection.

第83页： 海蒂·拉玛主演的法国电影《入迷》海报。Everett Collection.

第84－85页： 19世纪后期和20世纪早期，香烟盒里通常附有一张美丽的卡片，卡片上是星星、运动员或一个漂亮的图像。以下作品就来自香烟卡。**第84页，左：** 女孩和士兵在亲吻（彩色照片），法国摄影师，（20世纪）/私人收藏/© Look and Learn/Bridgeman Images. **第84页，右：** 亲吻的情侣（彩色照片）、法国摄影师，（20世纪）/私人收藏/© Look and Learn/Bridgeman Images. **第85页：** 亲吻的法国情侣，c.1920（手工上色银印），法国摄影师，（20世纪）/私人收藏/Photo © GraphicaArtis/Bridgeman Images.

第86页： 在巴黎宫殿酒店的帕洛玛·毕加索，巴黎，1986。© Toni Thorimbert.

第89页： 帕洛玛·毕加索的香水广告，该产品的成功推动了同品牌口红的诞生，但只有一个色号：鲜红色。广告资料/Alamy Stock Photo.

第90－91页： 尽管照片拍摄于吵闹的时装秀后台，但它展现出了一个下雪天的平静。©2018 Kevin Tachman

第92页： 拉斐尔·索亚，咖啡馆一景（Café Scene，帆布油画），约1940年。Brooklyn Museum of Art, New York, USA/Gift of James N. Rosenberg/Bridgeman Images. 经拉斐尔·索亚产业许可复制。

第93页 乔纳森·阿德勒设计的带有口红标志的纸巾。© 2018 Jonathan Adler.

第96页 导演斯坦利·库布里克的电影《洛丽塔》（Lolita，1962）的法国版海报。该电影由苏·莱恩主演，她因饰演弗拉基米尔·纳博科夫笔下的这个著名女孩而出名。Courtesy of Photofest.

第99页 玛丽莲·梦露 c.1953。Marilyn Monroe/Collection CSFF/Bridgeman Images.

第100页 但丁·加布里埃尔·查尔斯·罗赛蒂，《下雪》（Snowdrops，帆布油画），1873。私人收藏/Bridgeman Images.

第103页 约翰·威廉姆·沃特豪斯，《命运》（Destiny，帆布油画），1900。Towneley Hall Art Gallery and Museum, Burnley, Lancashire/Bridgeman Images.

第104页 但丁·加布里埃尔·查尔斯·罗赛蒂，《女朋友》（La Chirlandate，帆布油画），1873。Guildhall Art Gallery/City of London/Bridgeman Images.

第105页 但丁·加布里埃尔·查尔斯·罗赛蒂，《莉莉斯小姐》（Lady Lilith，帆布油画），1868。Delaware Art Museum, Wilmington, USA/Samuel and Mary R. Bancroft Memorial/Bridgeman Images.

第107页 时尚大咖戴安娜·弗里兰涂抹着标志性的口红，及配套的指甲油。1982年摄于其纽约寓所中。©Priscilla Rattazzi.

第109页 Flapper女孩的标准像，剪着波浪头，准备外出，c.1926。© Mary Evans Picture Library.

第110页 丽莎·明奈利因在导演鲍勃·福斯的《歌厅》（*Cabaret*，1972）中饰演莎莉·鲍尔斯赢得奥斯卡最佳女主角奖。该电影获得了8项奥斯卡奖，包括福斯的最佳导演奖，乔尔·格雷的最佳男配角奖。Everett Collection.

第111页 恩斯特·凯尔希纳，《抽烟的欧娜》（*Erna with Cigarette*，帆布油画），1915。私人收藏 / Bridgeman Images.

第113页 歌手莎黛，c.1980，摄于她发行首张排行榜冠军专辑《钻石人生》（*Diamond Life*）前几年。David Montgomery/contributor/Getty Images.

第115页 塞德里克·莫理斯，《米莉·戈默肖尔》（*Milly Gomershall*帆布油画），1936。私人收藏 / photograph © Christie's Images/ Bridgeman Images.

第116页 自从1941年诞生后，神奇女侠就成了女性力量的象征。在这幅肖像画中，她佩戴着标志性配饰，包括口红。Sabena Jane Blackbird/ Alamy Stock Photo.

第117页 猫女代表了另一种女性力量：以性感为武器。这是米歇尔·菲佛在《蝙蝠侠回归》（*Batman Returns*，1992）中饰演猫女的剧照。© Warner Bros/Courtesy Everett Collection.

第118页 伟恩·第伯，《口红》，1964。© Wayne Thiebaud/Licensed by VAG at Artists Rights Society（ARS），NY; Image, Bridgeman Images.

第121页 伊丽莎白·雅顿口红的平面广告，c.1955。Jeff Morgan 06/Alamy Stock Photo.

第122页 作者不详，《用口红刷的女子》c.1900-1921。HIP/Art Resource, NY.

第125页 作者不详，香烟卡（彩色平版印刷品），日本，1915。English School (20th century)/ 私人收藏 / Bridgeman Images.

第126-127页 雷内·格茹，19世纪50年代法国口红广告。© 2018 René Gruau: www.gruaucollection.com.

第128页 凯文·塔奇曼，红唇模特。©2018 Kevin Tachman.

第129页 比尔·多诺万，《疯癫女孩》（*Dotty Girl*，水彩和墨水画），2007。© Bil Donovan/Illustration Division.

第130-131页 乔·尤拉，穿灰裙的女人的未命名画作。Joe Eula/© Melisa Gosnell.

第132页 法国美妆品牌Payot的宣传画，1951。© 2018 René Gruau: www.gruaucollection.com.

第137页 法国艺术家皮埃尔·西蒙1954年发表在一本英国杂志上的作品，他是诸多著侈品牌如莲娜·丽姿（Nina Ricci）、克里斯汀·迪奥（Christian Dior）的宠儿。©Illustrated London New Ltd./Mary Evans.

第139页 黛西·维伦纽夫，《多种发色的脸》（*Faces with Multicolored Hair*），日期不详。私人收藏 / Bridgeman Images.

第140页 布莱尔·布雷藤斯坦，《黑波波头》（*Black Bob*），日期不详。©Blair Breitenstein.

第142页 格蕾斯·凯利20世纪50年代的肖像照。Diltz/Bridgeman Images.

第145页 卡洛琳·贝塞特·肯尼迪在约翰 F. 肯尼迪总统图书馆和博物馆，波士顿，马萨诸塞州，1999年5月。Getty Images, Justin Ide/Boston Herald/ 捐赠。

第146-147页 娇兰口红广告。第148页; © 1945 Guerlain; 第149页: © 1936 Guerlain.

第148-149页 曼·雷，《天文台时间：情人》（*At the Time of the Observatory, the Lovers*，帆布油画，100*250.4cm），1934。©ARS, NY, Banque d/Images, ADAGP/Art Resource, NY.

第150页 口红印刷画。© Millie Felder.

第158页 雷内·格茹，头戴羽毛帽的女子的未命名图像。© 2018 René Gruau: www.gruaucollection.com.

图书在版编目（CIP）数据

口红：潮流、历史与时尚偶像 /（美）雷切尔·费
尔德著；山山译. -- 武汉：长江文艺出版社，2021.7
ISBN 978-7-5702-2219-3

Ⅰ. ①口… Ⅱ. ①雷… ②山… Ⅲ. ①唇膏 - 历史 -
世界 Ⅳ. ①TQ658.5

中国版本图书馆CIP数据核字(2021)第 113532 号

RED LIPSTICK, Copyright © 2019 by Rachel Felder
Published by arrangement with Harper Design, an imprint of
HarperCollins Publishers.
Simplified Chinese edition copyright © 2021 United Sky (Beijing)
New Media Co.,Ltd.
All rights reserved.

湖北省版权局著作权合同登记号 图字：17-2021-125 号

口红：潮流、历史与时尚偶像
KOUHONG: CHAOLIU、LISHI YU SHISHANG OUXIANG

选题策划：联合天际·文艺生活工作室　　特约编辑：邵嘉瑜
责任编辑：黄　刚　　　　　　　　　　　责任校对：毛　娟
美术编辑：梁全新　　　　　　　　　　　责任印制：邱　莉　王光兴
装帧设计：Raphael Geroni　木　春

出版：长江出版传媒　长江文艺出版社
地址：武汉市雄楚大街268号　　邮编：430070
发行：长江文艺出版社
　　　未读（天津）文化传媒有限公司（010）52435752
http://www.cjlap.com
印刷：河北彩和坊印刷有限公司

开本：850毫米×1168毫米　1/32　印张：5　插页：1页
版次：2021年7月第1版　　2021年7月第1次印刷
字数：50千字

定价：68.00元

关注未读好书

未读 CLUB
会员服务平台